Charly bei der Feuerwehr

Eine spannende Sachgeschichte
über die Feuerwehr

Erzählt von Frauke Nahrgang
Gemalt von Wolfgang Metzger

Ravensburger Buchverlag

Der Postbote bringt ein Paket für Fräulein Charlotte Berger. Nur die Oma sagt Charlotte zu Lotte. Ungeduldig reißt Lotte das Packpapier auf.

„Mama, ein Stoffhase!", ruft sie. Sie presst ihn an sich, bis sie keine Luft mehr bekommt. „Er heißt Charly", japst sie.

Mama lacht. „Das passt gut, Charly und Charlotte“, sagt sie und krault Charlys Bauch.
Papa muss ihn auch kennen lernen. Aber Papa hat den ganzen Samstag Dienst und kommt erst am Sonntag heim. So lange kann Lotte nicht warten. Charly sicher auch nicht.

„Wir gehen mal zur Feuerwache“, sagt Lotte. Sie nimmt Charly, ihre Jacke – und schon ist sie zur Tür hinaus.

„Wo ist Theo?“, fragt Lotte den Feuerwehrbeamten an der Pforte. „Hier auf der Feuerwache ist der Papa nicht der Papa, sondern der Theo“, flüstert sie Charly zu. „Theo ist in der Fahrzeughalle“, sagt der Feuerwehrmann. „Geh nur, du kennst dich ja aus.“

Lotte läuft durch den langen Gang mit den vielen Spinden.

„In welchen Spind Theo seine Sachen reinhängt, zeige ich dir nachher“, vertröstet sie Charly. „Zuerst wollen wir ihn mal ordentlich überraschen. Pst, sei leise, da ist er schon.“

Die Tür vom Löschgruppenfahrzeug steht auf. Lotte wirft Charly hinein und klettert hinterher. „Hallo, Theo!“, ruft sie und winkt. Theo schaut hoch. Er lacht. „He, was machst du … ?“

Da dröhnt der Gong durch die Fahrzeughalle.
Lotte weiß, was das bedeutet.
Schnell springt sie aus dem Auto.

„Achtung, Achtung! Einsatz für den Löschzug. Wohnungsbrand Eisenstraße 12!“, dröhnt es aus dem Lautsprecher.

Von überall her kommen Feuerwehrleute gerannt. Einige rutschen an Stangen hinunter in die Halle.

Theo legt seinen Schraubenzieher schnell weg und springt ins Auto. Die Türen der Fahrzeughallen fliegen auf.

Mit Blaulicht und Martinshorn rücken die Wagen des Löschzugs aus.

„Anfahrt zur Eisenstraße über Biegenstraße“, gibt die Leitstelle über Funk durch.
Der Löschzug kämpft sich durch den Stadtverkehr. Die meisten Autos fahren an den Fahrbahnrand. Aber die Gasse für die Feuerwehr ist eng. Und manchmal überhört ein Autofahrer die Einsatzhörner. Die Feuerwehrmänner werden bei der wilden Fahrt ordentlich durchgeschüttelt. Trotzdem schaffen sie es, den Helm aufzusetzen, in die Schutzjacke und die Schutzhandschuhe zu schlüpfen und den Sicherheitsgurt umzuschnallen. Theo und Steffen rüsten sich noch mit dem Atemschutzgerät aus. Sie sind als Angriffstrupp eingeteilt und werden es zuerst mit dem giftigen Rauch zu tun bekommen.

Eine Ampel ist auf Rot. Das Tanklöschfahrzeug kann weiterfahren. Der Fahrer des folgenden Löschgruppenfahrzeugs muss scharf bremsen. Ein Sportwagen saust über die Kreuzung.

„So eine Schlafmütze“, brummt Theo und tastet nach dem Beutel mit der Fangleine, der beim Bremsen vom Sitz gerutscht ist. Vor einem Haus in der Eisenstraße drängen sich die Schaulustigen.

„Neugierig bin ich auch“, schimpft Steffen. „Aber ich würde trotzdem der Feuerwehr nicht im Weg herumstehen!“

Aus den Fenstern einer Wohnung im zweiten Stock quillt Rauch und Feuer. Aus der Wohnung darüber schreien Leute um Hilfe.

Die Drehleiter wird ausgefahren. Die Männer vom Tanklöschfahrzeug laufen mit Atemschutzgeräten ins Haus.

„Über Schiebeleitern von rechter Gebäudeseite zur Menschenrettung vor!“, ruft der Einsatzleiter Theo und Steffen zu.

Am Einsatzleitwagen steht eine Frau und weint. „Meine Mutter ist noch oben in der Wohnung“, schluchzt sie.

Theo zerschlägt eine Fensterscheibe und öffnet das Fenster. Die beiden Männer steigen ein. Vom Rauch eingehüllt, kriechen sie durchs Zimmer. Nein, hier ist die Frau nicht. Auf dem Flur treffen sie mit dem Stoßtrupp vom Tanklöschfahrzeug zusammen.

„Brand in der Küche“, meldet einer. „Die übrigen Räume abgesucht. Vermisste Person nicht gefunden.“ Die beiden Männer wollen im verqualmten Treppenhaus weitersuchen. Theo und Steffen arbeiten sich an die Feuerstelle heran. Flammen schlagen ihnen entgegen. Theo gibt Wasser und sprüht in die Glut.
Wenn da die Frau drin ist …, denkt er. Aber gleich vertreibt er den Gedanken wieder.

Als das Feuer gelöscht ist, schaut Steffen zum Fenster hinaus. Für einen Moment ist er verblüfft. Dann reißt er sein Funksprechgerät aus der Tasche und winkt Theo aufgeregt zu.

„Vermisste Person entdeckt!“, gibt er dem Einsatzleiter durch. „Auf dem Dach der Werkstatt! Rettung mit Steckleiter vom Hinterhof aus!“
Theo rennt ins Schlafzimmer.
Vom Schlafzimmerfenster ist es nur ein kleiner Sprung.
Theo kniet sich neben die Frau und redet beruhigend auf sie ein, bis sie gerettet werden kann.
„Das Bügeleisen war die Brandursache“, sagt Steffen auf der Rückfahrt. „Vielleicht ist die Dame beim Bügeln eingeschlafen.“
„Zum Glück ist sie noch rechtzeitig wach geworden“, lacht Theo.

Auf der Feuerwache bringen die Männer die nassen Schläuche in die Schlauchwäscherei und holen neue aus dem Lager.
Theo wechselt die verbrauchten Pressluftatmer aus.
„Schau mal“, ruft er Steffen zu, „wer ist das denn?“
Statt einer Antwort ertönt der Gong.
„Alarm für Rüstzug. Kind eingeklemmt. Rolltreppe zur Fußgängerunterführung am Bahnhofsvorplatz.“
Sekunden später rasen der Einsatzleitwagen und der Rüstwagen los.

Die Leute auf dem Bahnhofs-
vorplatz reden aufgeregt durch-
einander. Die Feuerwehrmänner
bahnen sich einen Weg zu der
Rolltreppe und dem einge-
klemmten Jungen.
„Der hat die Hand in den Hand-
laufschlitz gesteckt“, sagt Theo
erschrocken.
Das Kind versucht sich loszureißen
und schreit vor Angst und
Schmerzen.

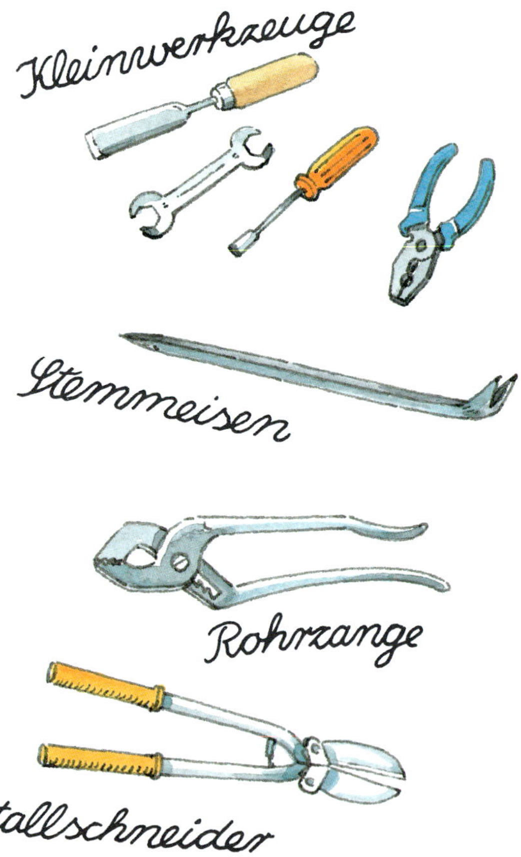

„Oje, wir müssen allerdings die ganze Rolltreppe auseinander nehmen“, sagt der Einsatzleiter. „Wenn der Junge so tobt, kann er sich noch mehr verletzen“, fürchtet die Notärztin.
„Ich lenke ihn ab“, ruft Theo. „Ich weiß auch schon wie!“
Der Junge wird ruhiger, und die Männer können mit ihrer Arbeit beginnen. Sie entfernen die Schutzverkleidung der Rolltreppe, trennen den Handlauf auf und bauen das Handlaufrad aus. Endlich ist der Junge frei.

Zwei Sanitäter wollen ihn in den Krankenwagen tragen.
„Moment mal“, sagt der Junge. „Wenn ihr dort drin einen Groschen findet … Mir ist eben einer in diesen Schlitz hineingerollt.“
„Wir finden ihn bestimmt“, verspricht Theo, „und du bekommst ihn zurück!“

Auf der Feuerwache riecht es appetitlich. Paul, der Drehleiterführer, und Mathes, sein Maschinist, haben gekocht. Theo schnuppert.
„Mensch, hab ich einen Hunger!"
„So wie ihr ausseht, bekommt ihr gar nichts", grinst Paul. „Marsch unter die Dusche!"
Bald sitzen die Männer in trockenen, sauberen Uniformen um den Tisch.

Theo hält seinen Teller hin, aber dann fällt ihm noch etwas ein, und er läuft hinaus.
Als er zurückkommt, fragt Paul:
„Alles in Ordnung, Theo?"
„Alles in Ordnung. Schöpf mir nur kräftig auf!"

Nach dem Abwaschen machen es sich die Männer vor dem Fernseher bequem.
„Übrigens, das mit dem Kind eben, das hast du prima hingekriegt", sagt Steffen.
„Kein Wunder, bei so einem Kollegen", sagt Theo und klopft sich auf die Tasche.
„Tolle Idee von dir, den Stoffhasen zur Einsatzstelle mitzunehmen. Wie bist du nur darauf gekommen?"

Theo räuspert sich verlegen. „Ach, weißt du, also … Sei jetzt mal still. Die Sportschau hat schon angefangen."

Da kommt der nächste Einsatzbefehl aus der Zentrale.
Auf dem Rudolfplatz sind zwei Autos zusammengestoßen.
Dabei ist die Benzinleitung des einen Wagens gerissen. Benzin läuft aus.
Die Feuerwehrleute pumpen das restliche Benzin aus dem Tank des Unfallwagens. Sie bestreuen die Benzinlache auf der Straße mit einem Bindemittel.
So können sie das Benzin zusammen mit dem Bindemittel aufnehmen. In wenigen Minuten ist die Kreuzung wieder frei.
„Das war mal ein kleiner Fisch", sagt Steffen, als sie wieder auf der Wache sind.
„Die Sportschau ist trotzdem vorbei", mault Theo. Der Einsatzleiter klopft ihm tröstend auf die Schulter. „Dafür fahren wir jetzt zum Zirkus. Dort ist ein Affe entwischt. Wollen mal sehen, ob der besser klettern kann als wir!"

„Den haben wir gleich", sagt Theo und stellt eine Leiter an den Baum. Er steigt hinauf, streckt die Hand aus, und – der Affe springt

mit einem gewaltigen Satz auf das Dach vom Kassenwagen.

Die Feuerwehrleute reißen die Leiter vom Baum und rennen hinterher.

Der Affe spielt Fangen mit den Männern. Vom Kassenwagen springt er auf die Schleckerbude, von dort auf das Kamel, über das Feuerwehrauto und rettet sich schließlich in ein Gebüsch.

„Horcht mal, der lacht sogar über uns“, schimpft Theo.

„Betäubungsspritze“, schlägt Paul vor.

„Mit zwei Wasserstrahlen den Weg abschneiden“, meint Mathes.

Steffen nähert sich vorsichtig dem Gebüsch. Er zieht eine Banane aus der Tasche und schält sie Zentimeter für Zentimeter. Langsam führt er sie zum Mund. Da schießt eine kleine braune Hand zwischen den Zweigen hervor und schnappt nach der Banane. Steffen packt genauso schnell zu. Er lässt den Affenarm erst wieder los, als die Tierpfleger den Affen an die Leine gelegt haben. Die Banane liegt zertreten auf dem Boden.

„Sei nicht so sauer“, sagt Steffen zu dem Affen. „Schau mal, ich habe noch eine für dich.“

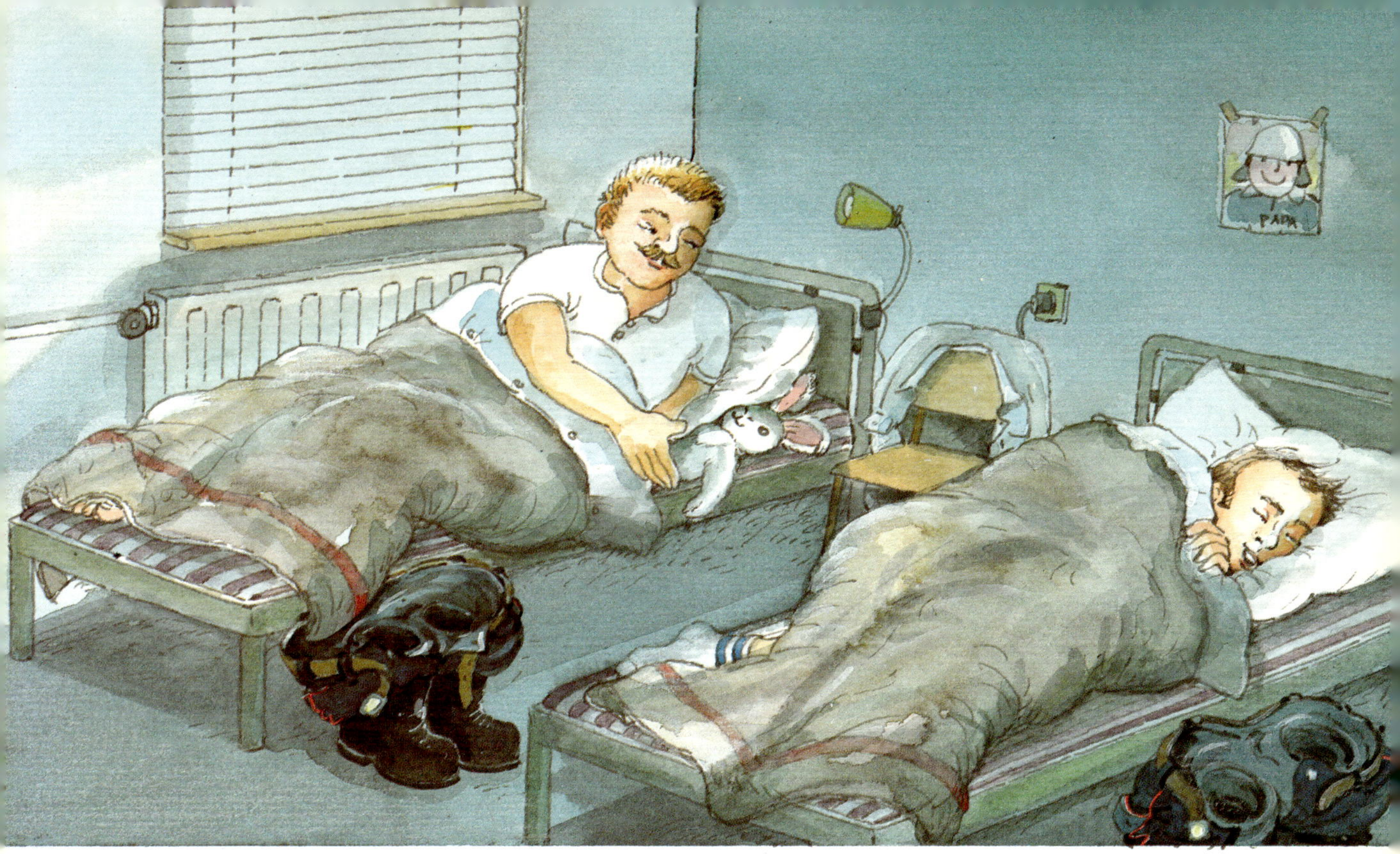

„Toll, wie du in den Ästen herumgeturnt bist“, kichert Steffen, als die Männer schon in ihren Betten liegen. „Wenn der Affe entwischt wäre, hättest du seine Nummer im Zirkus übernehmen können.“
„Ha, ha“, brummt Theo. Er tastet nach seiner Jacke.

„Was rumpelst du noch?“, fragt Steffen. „Schlaf lieber. Vielleicht wird die Nacht sehr kurz.“
Steffen behält Recht.

Um Mitternacht reißt der Gong die Männer aus dem Schlaf. Sie fahren in Hosen und Stiefel, ziehen sich im Laufen fertig an und rennen zu den Rutschstangen. „Wasser im Kaufhaus Wegmann!“, dröhnt es aus den Lautsprechern.

„Wasserrohrbruch!“, stellt der Einsatzleiter fest. Er rennt ins Untergeschoss und dreht den Haupthahn ab. Die Männer tragen die Wassersauger ins Kaufhaus.

Der Geschäftsführer ist inzwischen auch eingetroffen. Aufgeregt läuft er hin und her und begutachtet den Schaden.

„Den Fußboden kriegen wir wieder trocken", sagt der Einsatzleiter, „aber ein Teil der Waren ist nicht mehr zu retten."

„Morgen, Theo!", ruft Jürgen. Er löst Theo von seinem Dienst ab.
„Mann, bin ich froh, dich zu sehen!", gähnt Theo.
„Harte Nacht gehabt?", erkundigt sich Jürgen.
Theo zuckt mit den Schultern.
„Nichts Besonderes eigentlich."

Theo nimmt seinen Helm, die Jacke und den Sicherheitsgurt aus dem Löschgruppenfahrzeug, und Jürgen hängt seine Sachen dafür hin. „Dann schlaf mal schön!", lacht er.
Theo nickt und läuft los.

Am Küchentisch sitzt Lotte und rührt traurig in den Haferflocken.
„Papa, Charly ist weg!", schluchzt sie.
„Wer ist Charly?"
„Aber Papa! Ich habe dir Charly doch vorgestellt. Oder nicht? Da war plötzlich dieser Alarm und dann …"

Lotte springt auf. „Jetzt weiß ich, wo Charly ist. Komm, Papa, wir müssen zur Feuerwache!“
„Nein, ich muss ins Bett, und zwar schnellstens“, protestiert Papa.
Aber Lotte zieht ihn hinter sich her zur Garderobe.
Dort bleibt sie überrascht stehen.
„Aber“, stottert sie, „aber … da ist er ja!“
Lotte reißt Charly aus Papas Jackentasche und hüpft mit ihm durch den Flur.
„Du Ausreißer!“, lacht sie.
„Das ist Charly?“, staunt Papa. „Ich habe mich schon gefragt, wo dieser tüchtige Feuerwehrhase herkommt. Übrigens ist er am Montag zur Tagschicht eingeteilt.“

Lotte schüttelt energisch den Kopf. „Kommt nicht in Frage! Von jetzt an bleibt Charly bei mir!“
„Schade“, gähnt Papa. „Er war wirklich ein prima Kollege.“

Am Nachmittag gehen Mama, Papa, Lotte und Charly in den Zoo. Sie machen gerade einen Besuch bei den Elefanten, da piepst Papas Funkmeldeempfänger: „Alarm für Wachabteilung eins. Melden Sie sich umgehend auf der Wache!“

Papa zuckt bedauernd mit den Schultern.
„Ich fürchte, unser Zoobesuch ist zu Ende“, murmelt er und rennt los.
„Dann machen wir uns eben zu dritt einen schönen Sonntag, Charly, du und ich“, sagt Mama.

Lotte schaut Papa nach und schüttelt den Kopf.
„Nur du und ich, Mama. Charly hat leider auch keine Zeit!“

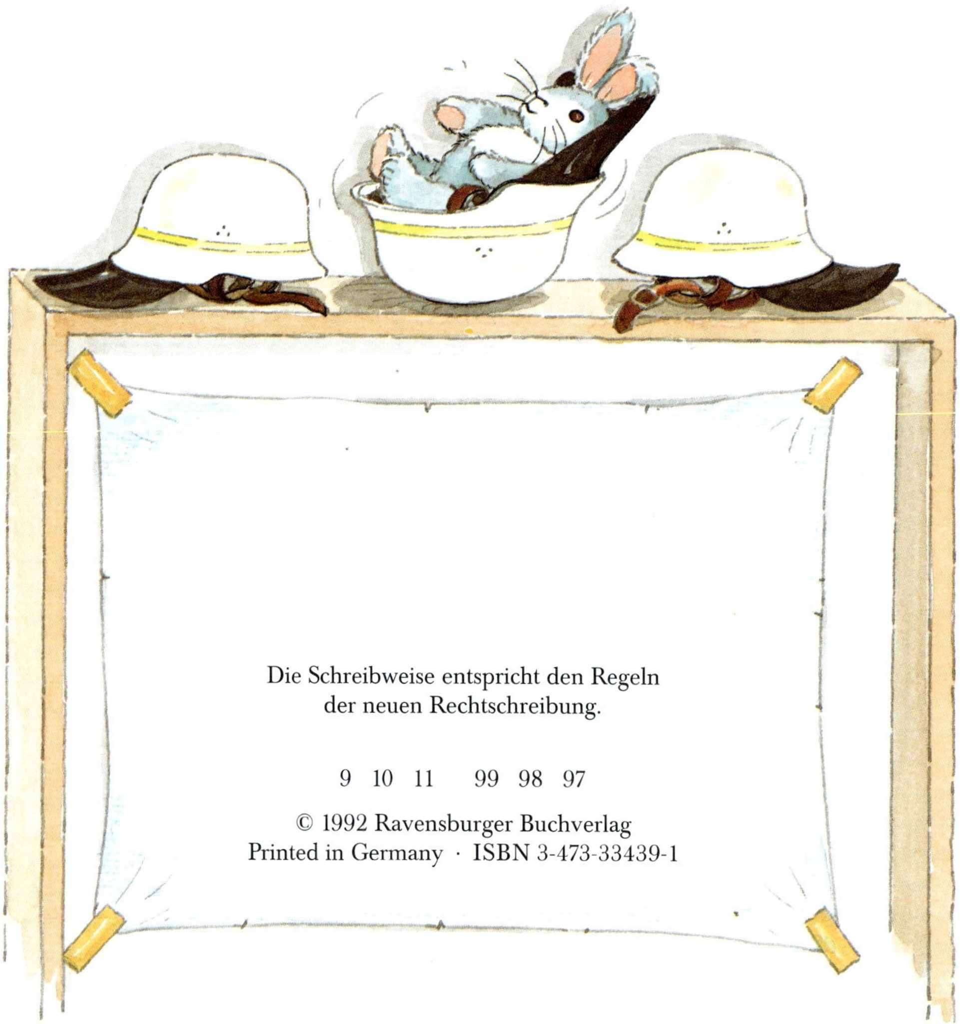

Die Schreibweise entspricht den Regeln
der neuen Rechtschreibung.

9 10 11 99 98 97

Printed in Germany · ISBN 3-473-33439-1